上海市工程建设规范

保障性住房设计标准
（保障性租赁住房新建分册）

Design standard of indemnificatory housing

（Construction of new indemnificatory rental housing）

DG/TJ 08—2291B—2022

J 16606—2022

主编单位：上海天华建筑设计有限公司
　　　　　华东建筑集团股份有限公司
批准部门：上海市住房和城乡建设管理委员会
施行日期：2022 年 12 月 1 日

同济大学出版社

2022　上海

图书在版编目(CIP)数据

保障性住房设计标准. 保障性租赁住房新建分册 /
上海天华建筑设计有限公司，华东建筑集团股份有限公司
主编. —上海：同济大学出版社，2022.12
ISBN 978-7-5765-0507-8

Ⅰ. ①保… Ⅱ. ①上… ②华… Ⅲ. ①保障性住房-
建筑设计-设计标准-上海 Ⅳ. ①TU241-65

中国版本图书馆 CIP 数据核字(2022)第 233403 号

保障性住房设计标准(保障性租赁住房新建分册)

上海天华建筑设计有限公司
华东建筑集团股份有限公司　　　主编

责任编辑　朱　勇
助理编辑　王映晓
责任校对　徐春莲
封面设计　陈益平

出版发行　同济大学出版社　　www. tongjipress. com. cn
　　　　　(地址：上海市四平路 1239 号　邮编：200092　电话：021 - 65985622)

经　　销　全国各地新华书店
印　　刷　浦江求真印务有限公司
开　　本　889mm×1194mm　1/32
印　　张　2.25
字　　数　61 000
版　　次　2022 年 12 月第 1 版
印　　次　2022 年 12 月第 1 次印刷
书　　号　ISBN 978-7-5765-0507-8
定　　价　25.00 元

上海市住房和城乡建设管理委员会文件

沪建标定〔2022〕446 号

上海市住房和城乡建设管理委员会
关于批准《保障性住房设计标准(保障性租赁住房新建分册)》
为上海市工程建设规范的通知

各有关单位：

由上海天华建筑设计有限公司和华东建筑集团股份有限公司主编的《保障性住房设计标准(保障性租赁住房新建分册)》，经我委审核，现批准为上海市工程建设规范，统一编号为 DG/TJ 08—2291B—2022，自 2022 年 12 月 1 日起实施。

本标准由上海市住房和城乡建设管理委员会负责管理，上海天华建筑设计有限公司负责解释。

上海市住房和城乡建设管理委员会
二〇二二年九月六日

前　言

根据上海市住房和城乡建设管理委员会《关于印发〈2021 年上海市工程建设规范编制计划（第二批）〉的通知》（沪建标定〔2021〕721 号）的要求，本标准由上海天华建筑设计有限公司和华东建筑集团股份有限公司任主编单位，会同相关单位共同编制而成。

保障性住房设计标准分为《保障性住房设计标准（保障性租赁住房新建分册）》和《保障性住房设计标准（保障性租赁住房改建分册）》，本标准为保障性租赁住房新建分册。

本标准的主要内容有：总则；术语；总体设计；建筑设计；室内装修设计；室内环境；结构设计；建筑设备；消防设计。

各单位及相关人员在执行本标准过程中，如有意见和建议，请反馈至上海市房屋管理局（地址：上海市世博村路 300 号；邮编：200125），上海天华建筑设计有限公司（地址：上海市中山西路1800 号；邮编：200235；E-mail：arce@thape.com.cn），上海市建筑建材业市场管理总站（地址：上海市小木桥路 683 号；邮编：200032；E-mail：shgcbz@163.com），以供今后修订时参考。

主 编 单 位：上海天华建筑设计有限公司
　　　　　　华东建筑集团股份有限公司
参 编 单 位：华东建筑设计研究院有限公司
　　　　　　上海建筑设计研究院有限公司
　　　　　　上海现代建筑规划设计研究院有限公司
　　　　　　上海市政工程设计研究总院（集团）有限公司
　　　　　　旭辉集团股份有限公司
　　　　　　上海长三角宝业城市建设发展有限公司

上海品宅装饰科技有限公司

江苏和能人居科技有限公司

主要起草人：黄向明　丁　纯　符宇欣　李伟兴　王榕梅
　　　　　　陈　涛　王峻强　杨　军　顾浩声　许洪江
　　　　　　孙　婧　陈红娟　姚　霁　王平山　陈国亮
　　　　　　刘　啸　赵华亮　潘嘉凝　张琼芳　李进军
　　　　　　张伟伟　吴学淑　曹晓晨　叶小曼　徐　平
　　　　　　于　亮　沈　艺　邱　田　王恒栋　陈　顺
　　　　　　袁　静　王剑峰　林素红　钱　涛　顾　洁
　　　　　　潘　娟　杨　慧　翟雪萍

主要审查人：杨联萍　徐　凤　沈列丞　石　磊　李新华
　　　　　　马　哲　郭　洋

上海市建筑建材业市场管理总站

目　次

Contents

1 总　则

1.0.1 为规范保障性租赁住房设计,推进本市保障性租赁住房建设,满足使用者的居住生活需求,依照国家和本市相关文件精神,结合租赁住房特点和本市实际情况,制定本标准。

1.0.2 本标准适用于本市新建保障性租赁住房设计。

1.0.3 保障性租赁住房分为住宅型保障性租赁住房和宿舍型保障性租赁住房两种类型。

1.0.4 保障性租赁住房设计应以人为本,坚持安全、卫生、适用、绿色、经济、智慧和可持续发展的原则。

1.0.5 保障性租赁住房应符合建筑产业化发展要求,应采用工业化生产、装配化施工的建造方式。

1.0.6 保障性租赁住房应配置相应的设备和设施,完成套内及公共区域全装修,并应配置相应家具、电器,满足基本的入住条件。

1.0.7 保障性租赁住房设计除应执行本标准外,尚应符合现行国家、行业和本市有关标准的规定。

2 术 语

2.0.1 保障性租赁住房 indemnificatory rental housing

由政府引导和发挥市场机制作用,多主体投资、多渠道供给,主要解决新市民、青年人等群体的住房困难,并满足不同层次、不同人群租赁需求的居住建筑,以小户型及单居室为主,分为住宅型保障性租赁住房和宿舍型保障性租赁住房两种类型。

2.0.2 住宅型保障性租赁住房 residential indemnificatory rental housing

参照住宅标准设计建造,具有卧室、起居室(厅)、厨房和卫生间等基本功能空间,按本市保障性租赁住房要求管理,主要供家庭租赁使用的居住建筑。简称住宅型租赁住房。

2.0.3 宿舍型保障性租赁住房 dormitory indemnificatory rental housing

参照宿舍标准设计建造,具有居室或居室和卫生间等基本功能空间,按本市保障性租赁住房要求管理,主要供单身人士租赁使用的居住建筑。简称宿舍型租赁住房。

2.0.4 套型 dwelling size

由居住空间或居住空间及其辅助用房组成的保障性租赁住房基本居住单位。

2.0.5 套内建筑面积 dwelling construction area

套内建筑面积是套型边界墙体中心线所包围的水平面积和阳台建筑面积之和。

3 总体设计

3.1 一般规定

3.1.1 保障性租赁住房的总体设计应注重居住环境质量的提高,重视生态环境的建设,合理进行功能分区,组织好人流和车流,方便使用者生活,有利于安全防卫和组织管理。

3.1.2 保障性租赁住房的总体设计应符合城市规划和居住区规划的要求,除应符合现行国家标准《城市居住区规划设计标准》GB 50180 的规定外,尚应符合本市有关规划管理的规定。

3.1.3 保障性租赁住房建筑小区内的道路、绿地和公共服务设施应符合现行国家标准《建筑与市政工程无障碍通用规范》GB 55019 和《无障碍设计规范》GB 50763 的相关规定。

3.1.4 保障性租赁住房建筑小区宜采用开放式街区设计理念,并通过不同的建筑形态组合来提升空间品质,不宜设置全封闭围墙,宜设置与开放街区相适应的公共配套场地。

3.1.5 保障性租赁住房宜采用围合式布局,合理利用场地设置邻里交往活动空间。

3.2 交 通

3.2.1 保障性租赁住房建筑小区内道路应满足消防、救护车等车辆的通行要求。道路最小宽度应符合现行国家标准《城市居住区规划设计标准》GB 50180 的相关规定。

3.2.2 保障性租赁住房停车设计应符合现行上海市工程建设规范《建筑工程交通设计及停车库(场)设置标准》DG/TJ 08—7 的

相关规定。

3.2.3 保障性租赁住房的机动车停车位应满足下列规定：

1 保障性租赁住房机动车停车位指标应符合表 3.2.3 的规定。

表 3.2.3　保障性租赁住房机动车停车位指标

建筑面积类别		单位	配建指标		
			一类区域	二类区域	三类区域
类型	75 m²≤平均每套建筑面积<90 m²	停车位/套	1.00	1.00	1.00
	50 m²≤平均每套建筑面积<75 m²	停车位/套	0.60	0.70	0.80
	30 m²≤平均每套建筑面积<50 m²	停车位/套	0.30	0.40	0.50
	平均每套建筑面积<30 m²	停车位/套	0.15	0.20	0.25

注：3 类～5 类宿舍型租赁住房，每居室配建停车位指标按照平均每套建筑面积小于 30 m² 配建停车位指标。

2 建设条件特别受限的保障性租赁住房项目，可综合考虑使用者、户型比例、户均面积、所处区域的道路交通、公共交通及公交枢纽等因素后，通过交通影响评价合理确定配置机动车停车位的具体指标。

3 电动汽车充电设施设计应符合现行上海市工程建设规范《电动汽车充电基础设施建设技术标准》DG/TJ 08—2093 的相关规定。

3.2.4 保障性租赁住房的非机动车停车位应满足下列规定：

1 保障性租赁住房非机动车停车位指标应按以下标准配置：一类区域不低于 1.20 辆/套，二类区域、三类区域不低于 1.10 辆/套。3 类～5 类宿舍型租赁住房，一类区域不低于 1.20 辆/居室，二类区域、三类区域不低于 1.10 辆/居室。

2 保障性租赁住房应满足电动自行车位与非电动自行车位4∶1的配置要求。

3 电动自行车充电设施的设计应符合本市现行相关规定。

4 宜利用建筑底层架空空间设置非机动车停车位。

5 建设用地内设有面向社会开放的地面区域,设置共享非机动车停车场地时,按照 1 个共享非机动车停车位抵扣 3 个配建非机动车停车位的比例折减建筑需配建的非机动车停车指标,抵扣的非机动车停车位数不应超过需配建的非机动车停车位总量的 70%。

3.3 配套设施

3.3.1 保障性租赁住房应按现行上海市工程建设规范《城市居住地区和居住区公共服务设施设置标准》DG/TJ 08—55 及本市现行相关规定,配置相对应的公共服务设施。

3.3.2 保障性租赁住房可不设业委会用房,在满足基础保障类设施的前提下,可结合租赁住房类型、周边区域设施及不同客群需求,设置社区食堂、便利商店、运动场地、养育托管点、教育培训、洗衣房等公共服务设施。

3.3.3 保障性租赁住房应结合开放社区设计合理配置智能化管理设施。

3.4 住区环境

3.4.1 保障性租赁住房的建筑间距和日照应符合上海市城市规划管理的有关规定。

3.4.2 场地内的风环境应有利于室外活动场地舒适性和建筑的自然通风。

3.4.3 保障性租赁住房应有良好的声环境,其噪声值应符合现行国家标准《声环境质量标准》GB 3096 的要求,并应符合现行上海市工程建设规范《住宅设计标准》DGJ 08—20 的要求。

3.4.4 景观设计应综合考虑适用、经济、美观、耐久等因素,应以绿植为主,不应设置亲水性的人工水景。

3.4.5 保障性租赁住房应适应使用者的各年龄段需求,综合考虑室外公共活动场地、健身器械设施等场地设计。

3.4.6 绿化宜选择本地植栽,选择花木及色叶植物,增加景观层次性、色彩多样性和识别性。

3.4.7 保障性租赁住房宜采用垂直绿化、屋面绿化等立体绿化形式,并合理控制前期建设成本和后期养护费用。

3.4.8 非机动车道路、地面停车及其他硬质铺地宜采用透水砖铺装。

4 建筑设计

4.1 一般规定

4.1.1 住宅型租赁住房的建筑设计,除本标准有明确规定外,尚应符合现行上海市工程建设规范《住宅设计标准》DGJ 08—20 及住宅建筑相关国家、行业和本市现行标准的规定。

4.1.2 宿舍型租赁住房的建筑设计,除本标准有明确规定外,尚应符合现行国家标准《宿舍、旅馆建筑项目规范》GB 55025、现行行业标准《宿舍建筑设计规范》JGJ 36 及宿舍建筑相关国家、行业和本市现行标准的规定。

4.1.3 保障性租赁住房无障碍设计应符合现行国家标准《建筑与市政工程无障碍通用规范》GB 55019 和《无障碍设计规范》GB 50763 的相关规定。

4.1.4 同一幢建筑内不应同时设置住宅型租赁住房和宿舍型租赁住房。

4.1.5 保障性租赁住房设计应考虑节能、节地,以高层建筑为主,根据地块条件选择单元式、塔式或通廊式等经济合理的居住建筑类型。

4.1.6 保障性租赁住房应采用装配式结构体系,宜选用标准化、模块化设计,选用标准化户型和预制构件。

4.1.7 保障性租赁住房套型应注重精细化设计,套内空间可采用使用功能复合利用的方法。

4.1.8 保障性租赁住房宜采用大开间布局,并选择有利于空间灵活分隔和可持续改造的结构形式。

4.1.9 保障性租赁住房立面造型应简洁、明快,外形规整。体型系数、窗墙面积比、围护结构热工性能、屋顶透明部分面积等规定性指标应符合现行国家标准《建筑节能与可再生能源利用通用规范》GB 55015 和现行上海市工程建设规范《居住建筑节能设计标准》DGJ 08—205 的相关规定。

4.1.10 保障性租赁住房应在经济、适用的原则下合理设计建筑屋面。当屋面作为屋顶花园等开放式公共空间时,应综合考虑安全及物业管理方面的需求。

4.1.11 保障性租赁住房宜选用耐久、抗污、宜清洁的外墙涂料,应与周边环境相协调。

4.1.12 保障性租赁住房的泛光照明应综合考虑造价、节能、环保等因素,避免产生光污染,不宜过度突显建筑形象,裙房商业氛围宜尽量减少动态的色彩照明。

4.1.13 保障性租赁住房建筑设计宜考虑突发公共卫生事件时期的防控基本需求。

4.2 公共区域

4.2.1 保障性租赁住房应设社区接待服务用房(可与物业管理用房统一设计),设置接待柜台、休息接待签约区和公共卫生间等。

4.2.2 保障性租赁住房使用者的公共出入口应与附建公共用房的出入口分开布置。

4.2.3 保障性租赁住房应配置智能末端配送设施(智能快件箱)服务用房。

4.2.4 保障性租赁住房宜根据自身特点,结合共享经济的生活方式,设有不同的共享公共空间、区域、用房及设施。

4.2.5 宿舍型租赁住房套内不设洗衣机时,应设置公用洗衣机房。

4.2.6 宿舍型租赁住房套内不设阳台或晾晒设施时,应设置公用晾晒空间及设施或公用干衣机房。

4.2.7 宿舍型租赁住房套内不附设卫生间时,应设公用厕所、公用盥洗室(浴室),且男、女居住区应对男、女公用厕所和公用浴室分区设置。

4.2.8 公用厕所应设前室或经公用盥洗室进入,前室或经公用盥洗室的门不宜与居室门相对。除附设卫生间的居室外,公用厕所、公用盥洗室不应布置在下层住户居室的上层。公用厕所、公用盥洗室与最远居室的距离不应大于 25 m。

4.2.9 保障性租赁住房采用外廊式设计时,应考虑防雨、楼地面防滑和排水等技术措施;外廊栏板、栏杆距可踏面净高不应低于1.20 m。

4.2.10 宿舍型租赁住房居室最高入口层楼面距室外设计地面的高差大于 9 m 时,应设置电梯。

4.2.11 电梯数量应综合考虑建筑层数、服务户数、电梯主要技术参数及使用者舒适度等因素,电梯宜成组集中布置。住宅型租赁住房每台电梯服务户数不应超过 80 户,宿舍型租赁住房每台电梯服务人数不应超过 280 人。

4.3 套内及居室空间

4.3.1 住宅型租赁住房每套型应设卧室、起居室、厨房和卫生间等基本功能空间。

4.3.2 住宅型租赁住房应以小套型为主,适当配置中、大套型。小套型套内建筑面积不超过 50 m²,中套型套内建筑面积不超过70 m²,套内建筑面积大于 70 m² 为大套型。中、小套型居住空间个数宜符合表 4.3.2 的规定。

表 4.3.2　住宅型租赁住房家庭结构与套型分类、套型模式

套型	套内建筑面积（m²）	居住空间个数（个）	套型模式	人数（人）	单身家庭	夫妻家庭	核心家庭	主干家庭
小套型	22~35	1	单人或双人卧室兼起居、餐厅	1~2	■	■		
	30~50	2	双人卧室兼起居+餐厅（过道厅）	2~3		■		
			双人卧室+起居、餐厅			■		
			单人卧室+单人或双人卧室兼起居、餐厅				■	
中套型	50~70	3	双人卧室+单人卧室+起居兼餐厅	3~4			■	■
			双人卧室+单人卧室兼起居+餐厅（过道厅）				■	■
			双人卧室兼起居+单人卧室+餐厅（过道厅）				■	
			双人卧室+双人卧室+起居兼餐厅				■	■
		4	双人卧室+2×单人卧室+起居兼餐厅	4				■
			双人卧室+单人卧室+单人卧室兼起居+餐厅（过道厅）					■
			2×双人卧室+单人卧室+起居兼餐厅					■
			双人卧室+单人卧室+双人卧室兼起居+餐厅	5				■

4.3.3 住宅型租赁住房套型的面积应符合下列规定：

　　1 由卧室、起居室、厨房和卫生间等组成的套型，其套内建筑面积不应小于 30 m²。

　　2 由兼起居的卧室、厨房和卫生间等组成的最小套型，其套内建筑面积不应小于 22 m²。

4.3.4 住宅型租赁住房的卧室、起居室应符合下列规定：

　　1 房间使用面积应符合表 4.3.4 的规定。

表 4.3.4 卧室、起居室房间使用面积

基本功能空间	房间使用面积(m²)
双人卧室	≥9
单人卧室	≥5
起居室	≥10
单人卧室兼起居室	≥12
双人卧室兼起居室	≥15

2 卧室、起居室的室内净高不应低于 2.5 m,局部净高不应低于 2.2 m,且其面积不应大于室内使用面积的 1/3。

4.3.5 住宅型租赁住房无直接采光的餐厅、过厅,其使用面积不应大于 10 m²。

4.3.6 住宅型租赁住房厨房应符合下列规定:

1 厨房使用面积应符合表 4.3.6 的规定。

表 4.3.6 厨房使用面积

套型	使用面积(m²)
小套	≥3.5
中套	≥4.0
大套	

2 单排布置设备的厨房净宽应大于等于 1.5 m。

3 双排布置设备的厨房净宽应大于等于 2.1 m。

4 厨房应配置洗涤池、灶台、操作台、吊柜和排油烟机等设施。操作面的净长不宜小于 2.1 m。

5 厨房应采用整体式橱柜。操作台最小深度为 0.55 m,操作活动空间净宽不小于 0.90 m;当其操作活动空间兼作套内过道时,其净宽应不小于 1.20 m。

6 使用燃气的厨房,应设计为独立可封闭的空间。当设有燃气泄漏报警切断保护装置时,此空间可与餐厅、过道合并,形成

厨房兼餐厅的可封闭空间。

4.3.7 住宅型租赁住房卫生间应符合下列规定：

1 卫生间使用面积应符合表 4.3.7 的规定。

表 4.3.7 卫生间使用面积

洁具配置	使用面积（m²）
便器、洗面器、洗浴器	≥2.5
便器、洗面器	≥1.8
洗面器、洗浴器	≥2.0
洗面器、洗衣机	≥1.8
单设便器	≥1.1

2 卫生间宜有直接采光和自然通风。

4.3.8 宿舍型租赁住房按其使用要求分为 5 类，1 类和 2 类套型居室人均使用面积不宜小于表 4.3.8 的规定，3 类～5 类套型居室人均使用面积不应小于表 4.3.8 的规定。

表 4.3.8 套型类型及相关指标

类型	1 类	2 类	3 类	4 类	5 类
每室居住人数（人）	1	2	3～4	5～6	7～8
人均使用面积（m²/人）	16	8	4.5	3.5	3.5

注：1 本表中面积不含套型内辅助用房（卫生间、阳台等）面积。
　　2 无障碍套型的居室面积宜适当放大，其居室居住人数一般不宜超过 4 人，房间内应留有直径不小于 1.5 m 的轮椅回转空间。

4.3.9 宿舍型租赁住房套内不应设置燃气管道设备以及有明火的灶具。当设置电加热灶具等食品加工设备时，应配置洗涤池、操作台、吊柜、排油烟设施及排油烟道，排油烟道的设置应满足现行上海市工程建设规范《住宅设计标准》DGJ 08—20 的相关规定。

4.3.10 宿舍型租赁住房为 1 类和 2 类时，套内应附设卫生间；为 3 类和 4 类时，套内宜附设卫生间；为 5 类时，套内不宜附设卫生间。

4.3.11 保障性租赁住房套内门洞最小尺寸应符合表 4.3.11 的规定。

表 4.3.11 门洞最小尺寸

类别	洞口宽度（m）	洞口高度（m）
分户门	1.00	
起居室门	0.90	
卧室门	0.90	
厨房门	0.80	2.00
卫生间门	0.70	
阳台门	0.70	
储藏室门	0.70	

5 室内装修设计

5.0.1 保障性租赁住房室内装修应符合现行上海市工程建设规范《全装修住宅室内装修设计标准》DG/TJ 08—2178 的相关规定。

5.0.2 保障性租赁住房室内装修设计应符合现行国家标准《建筑内部装修设计防火规范》GB 50222 的相关规定。

5.0.3 保障性租赁住房宜采用工业化集成装修方式,厨卫设施宜标准化、装配化。

5.0.4 保障性租赁住房的装修设计应与主体建筑设计同步,宜采用室内装修与建筑支撑墙体分离的管线分离内装技术。

5.0.5 宿舍型租赁住房套内空间设施配置标准应符合下列规定:

    1 居室应具备睡眠、休息、学习等功能;应布置床、收纳衣柜、书桌、椅子等基本家具。

    2 当居室内设置电加热灶具等食品加工设备时,宜根据操作顺序合理布置储藏、洗切、烹调等设施。食物加工设施配置应符合表 5.0.5-1 的规定。

表 5.0.5-1　食物加工设施配置标准

类别	基本设施	可选设施
橱柜	操作台、橱柜(包括上下柜体及柜门、人造石台面)	—
设备	电磁炉、排油烟机、厨房洗涤盆及龙头、热水器、电冰箱	太阳能热水器、消毒柜、微波炉、电饭煲

3 套内附设卫生间应具备便溺、洗浴和盥洗等基本功能。4 人以下设置 1 个坐便器,5 人或 6 人宜设置 2 个坐便器,3 人以上套内附设卫生间的厕位和淋浴宜设隔断。卫生间基本设施的配置应符合表 5.0.5-2 的规定。

表 5.0.5-2 卫生间配置标准

类别	基本设施	可选设施
洁具	节水型坐便器、淋浴房(淋浴区)、节水型手持式带下出水淋浴龙头、淋浴间挡水槛、浴帘杆及浴帘、洗面盆(含配件)及节水型龙头	—
设备	毛巾杆、镜子、厕纸架、取暖器、排风扇	镜柜、浴巾架、电热水器

5.0.6 宿舍型租赁住房公用厕所、公用盥洗室(浴室)基本设施的配置应符合表 5.0.6 的规定。

表 5.0.6 公用厕所、公用盥洗室(浴室)基本设施的配置

项目	设备种类	卫生设备数量
男厕	大便器	8 人以下设 1 个;超过 8 人时,每增加 15 人或不足 15 人增设 1 个
	小便器	每 15 人或不足 15 人设 1 个
	小便槽	每 15 人或不足 15 人设 0.7 m
	洗手盆	与盥洗室分设的厕所至少设 1 个
	污水池	公用厕所或公用盥洗室设 1 个
女厕	大便器	5 人以下设 1 个;超过 5 人时,每增加 6 人或不足 6 人增设 1 个
	洗手盆	与盥洗室分设的厕所至少设 1 个
	污水池	公用厕所或公用盥洗室设 1 个
盥洗室(男、女)	洗手盆或盥洗室龙头	5 人以下设 1 个;超过 5 人时,每增加 10 人或不足 10 人增设 1 个
	淋浴间	

注:公用盥洗室不应男女合用。

5.0.7 保障性租赁住房套内门扇的最小净尺寸应符合表 5.0.7 的规定。

表 5.0.7 门扇最小净尺寸

功能空间	门扇宽度(m)	门扇高度(m)
起居室、餐厅、卧室	0.80	1.95
厨房	0.70	1.95
卫生间	0.60	1.95
储藏室	0.60	1.95

6 室内环境

6.1 天然采光和自然通风

6.1.1 保障性租赁住房应利用自然条件获得良好的天然采光和自然通风。住宅型租赁住房应符合现行国家标准《住宅设计规范》GB 50096 的相关规定。

6.1.2 宿舍型租赁住房的居室、公用盥洗室、公用厕所、公共浴室、晾衣空间和公共活动室、公用厨房应有天然采光和自然通风。走道宜有天然采光和自然通风。

6.1.3 宿舍型租赁住房的居室、公共活动室、公用厨房侧面采光的采光系数标准值不应低于 2%；公用盥洗室、公用厕所、走道、楼梯间等侧面采光的采光系数标准值不应低于 1%。

6.1.4 采用自然通风的宿舍型租赁住房的居室、公用盥洗室、公用厕所、公共浴室和公共活动室，其通风开口面积不应小于该房间地板面积的 1/20。采用自然通风的公用厨房，通风开口面积不应小于地面面积的 1/10。

6.1.5 采用自然通风的居室外设置封闭阳台时，阳台的自然通风开口面积不应小于采用自然通风的房间和阳台地板面积总和的 1/20。

6.2 声环境

6.2.1 保障性租赁住房室内应减少噪声干扰，建筑声环境应符合现行国家标准《建筑环境通用规范》GB 55016 的相关规定。

6.2.2 保障性租赁住房的外墙、分户墙、分户楼板和门窗等的隔声性能应符合现行上海市工程建设规范《住宅设计标准》DGJ 08—20 的规定。

6.2.3 保障性租赁住房的管道井、水泵房、风机房、电梯机房应采取有效的隔声措施。水泵、风机应采取减振、降噪措施。

6.3 热环境

6.3.1 保障性租赁住房的围护结构热工节能设计应符合现行国家标准《建筑节能与可再生能源利用通用规范》GB 55015、现行上海市工程建设规范《居住建筑节能设计标准》DGJ 08—205 及本市现行相关规定。

6.3.2 保障性租赁住房围护结构热桥部位应有保温措施,屋面、外墙、架空楼板、地下室顶板和窗框等部位内表面温度不应低于室内空气露点温度,并进行露点温度验算。

6.3.3 保障性租赁住房建筑外窗外遮阳设施应满足现行国家、行业和本市有关标准的要求。

6.4 室内空气质量

6.4.1 保障性租赁住房室内装修材料应控制有害物质的含量,并应符合现行国家标准《民用建筑工程室内环境污染控制标准》GB 50325 的相关规定。

6.4.2 保障性租赁住房室内空气污染物的浓度限量应符合现行国家标准《建筑环境通用规范》GB 55016 的相关规定。

7 结构设计

7.0.1 结构设计应根据建筑的建筑高度、场地条件、结构材料和施工等因素选择适宜的结构体系,并应符合国家和本市现行相关标准的规定。

7.0.2 保障性租赁住房宜选择有利于空间灵活分隔和组合的装配式结构体系,可采用装配式混凝土结构、钢结构和钢-混凝土混合结构体系。

7.0.3 结构应采用双向抗侧力体系,并保证结构两个主轴方向的抗侧力构件均具备必要的抗震承载力。

7.0.4 结构平面布置宜规则、对称,质量、刚度分布宜均匀;抗侧力结构构件的竖向布置应连续、均匀,应避免侧向刚度和承载力沿竖向突变。

7.0.5 装配式结构设计应采取有效措施保证结构的整体性,节点和接缝应受力明确、构造可靠,并应满足承载力、延性和耐久性要求。进行正常使用阶段和施工阶段的作用效应分析时,应采用符合工程实际的结构分析模型。

7.0.6 装配式结构应在满足建筑功能的前提下,按照通用化、模数化和标准化的要求,采用少规格、多组合的原则进行设计,应优先选择标准化程度高的构件预制。

7.0.7 结构构件及其连接宜具有通用性,构件尺寸宜按现行国家标准《建筑模数协调标准》GB/T 50002 和现行行业标准《工业化住宅尺寸协调标准》JGJ/T 445 的优先尺寸进行选用。

7.0.8 钢结构设计中,钢柱宜选用 H 型钢、方(矩)形钢管或箱形截面柱;钢梁宜选用热轧(焊接)H 型钢;支撑构件宜优先采用中心支撑,也可采用偏心支撑、屈曲约束支撑等消能支撑和钢板剪力墙;屋盖和楼盖结构宜采用钢-混凝土组合楼盖,其楼板应选用钢筋桁架楼承板、压型钢板和钢管桁架叠合板等免支模楼板。

7.0.9 钢楼梯或预制混凝土楼梯应采用通用部件,同一项目层高相同时,标准层楼梯宜为同一种。

7.0.10 钢结构的填充墙、隔墙等非结构构件宜采用轻质板材,应与主体结构可靠连接,并采取有效的防开裂措施。

7.0.11 钢构件及其连接的防火保护措施、防腐措施和维护周期应符合现行相关规范的要求。

8 建筑设备

8.1 一般规定

8.1.1 住宅型租赁住房的建筑设备设计,除本标准明确规定外,应按现行上海市工程建设规范《住宅设计标准》DGJ 08—20 及住宅建筑相关国家、行业和本市现行标准执行。

8.1.2 宿舍型租赁住房的建筑设备设计,除本标准明确规定外,应按现行行业标准《宿舍建筑设计规范》JGJ 36 及宿舍建筑相关国家、行业和本市现行标准执行。

8.1.3 给水总立管、雨水立管、消防立管、配电干线、弱电干线等公共功能的管道不应布置在套内。公用的阀门、电气设备和配件应设在共用空间内。

8.1.4 建筑的非结构构件及附属机电设备,其自身及与结构主体的连接应进行抗震设计,并应符合现行规范的相关要求。

8.2 给排水

8.2.1 住宅型租赁住房最高日生活用水定额不宜大于 230 L/(人·d),宿舍型租赁住房最高日生活用水定额不宜大于 160 L/(人·d)。

8.2.2 住宅型租赁住房及套内附设卫生间的宿舍型租赁住房应按套设置水表。公用厨房、公用盥洗室、洗衣房等公共服务设施或场所应设置独立水表。水表应设于公共部位。

8.2.3 保障性租赁住房生活给水系统应充分利用市政管网水压直接供水。需加压供水时,应选用节能、安全、可靠的供水方式和加压供水设施,并符合现行上海市工程建设规范《住宅二次供水技术标准》DG/TJ 08—2065 的相关规定。生活给水泵房不宜设在保障性租赁住房建筑内。

8.2.4 给水系统应合理采取减压限流的节水措施,用水点处供水压力不宜大于 0.2 MPa。

8.2.5 当阳台设有生活排水设备及地漏时,应设专用排水立管接入污水排水系统,可不另设阳台雨水排水地漏。

8.2.6 排水管道应选用降噪、静音管材。卫生间宜设置防干涸两用地漏。当洗衣机单独设置时,宜在洗衣机附近设置防止溢流的地漏,水封深度不应小于 50 mm。不应采用钟式结构、水封芯地漏。

8.2.7 保障性租赁住房应设置生活热水供应设施。热水的供应及热源的选用应符合现行国家标准《建筑节能与可再生能源利用通用规范》GB 55015 和《建筑给水排水设计标准》GB 50015 的规定。六层及以下的住宅型租赁住房应统一设计并安装符合相关标准的太阳能热水系统。

8.2.8 卫生器具和配件应采用节水型产品,相关性能指标应符合现行行业标准《节水型生活用水器具》CJ/T 164 的规定。水嘴、坐便器、淋浴器的用水效率等级不应低于 2 级。

8.2.9 室外明露和室内公共部位有可能冰冻的给水、消防管道、屋顶水箱及附属设施应采取防冻措施,并应符合现行上海市工程建设规范《住宅二次供水技术标准》DG/TJ 08—2065 的相关规定。

8.2.10 住宅型租赁住房的卫生间和厨房应采用同层排水,宿舍型租赁住房居室内的卫生间宜采用同层排水。同层排水宜采用沿墙敷设方式。当采用异层排水时,坐便器排水管道宜采取降噪措施,并应符合现行上海市工程建设规范《住宅设计标准》DGJ 08—20 的相关规定。

8.3 燃 气

8.3.1 宿舍型租赁住房套内不得设置燃气管道和各类燃具，其他使用燃气的保障性租赁住房燃气设计应符合现行国家标准《燃气工程项目规范》GB 55009 和现行上海市工程建设规范《城市煤气、天然气管道工程技术规程》DGJ 08—10 的相关规定。

8.3.2 使用燃具的用户应配置燃气计量表。当燃气计量表设在套内时，应安装在厨房或敞开阳台内。计量表宜明装，或安装在有通风条件的表箱(柜)内，并应符合抄表、安装、维修及安全使用要求。燃气计量表应优先选用具有燃气泄漏、燃气压力及流量异常和地震感应自动切断功能的燃气计量装置。

8.3.3 使用燃气的厨房等用气场所，应设置可探测一氧化碳的复合型可燃气体泄漏报警装置，并与设置在燃气表前的支管上的自动切断阀连锁。

8.3.4 燃气立管应采用热镀锌钢管或涂覆镀锌钢管，燃气计量表的表后管应采用带被覆层的非埋地燃气输送用不锈钢波纹软管和有泄漏监测功能的管件，管道和管件应符合现行国家标准《燃气输送用不锈钢波纹软管及管件》GB/T 26002 的要求。明敷的燃气管道因装饰需要暗封时，暗封材料应可拆卸。室内燃气管道不得暗埋。

8.3.5 燃气设备应设有熄火保护装置。户内燃气热水器应选用强制排气式热水器，应设置在通风良好的厨房或敞开式阳台内，热水器的排气口应直接通向室外。

8.3.6 公共燃具或用气设备应安装在通风良好的专用房间内；不应安装在易燃易爆物品的堆存处，不应设置在兼作卧室的警卫室、值班室和人防工程等处。

8.4 通风与空气调节

8.4.1 保障性租赁住房套内的居住空间和室内公共活动空间应设置空调设施,并应设置分室温度控制设施。

8.4.2 空调设备能效应符合现行国家标准《建筑节能与可再生能源利用通用规范》GB 55015、现行上海市工程建设规范《居住建筑节能设计标准》DGJ 08—205 等相关标准的规定。

8.4.3 室内空调设备的冷凝水应有组织地间接排放,不应出现倒坡。

8.4.4 空调室内机送回风方式应满足使室内温度均匀分布的要求,送回风口的位置应设置合理,不宜直接吹向主要人员停留区,送回风口不宜设置遮挡性装饰。

8.4.5 宿舍型租赁住房内,无外窗或仅有单一朝向外窗的公共浴室、公用厨房、公用厕所及卫生间应安装机械通风设施,换气次数不小于 10 次/h,并应设置防止回流的机械通风设施。

8.4.6 无外窗的暗卫生间应设置防止回流的机械通风设施或预留机械通风设置条件。

8.5 电 气

8.5.1 保障性租赁住房的供配电规划设计方案,按安全、可靠、经济合理、运行灵活、便于管理等原则综合确定。应采用按电业标准建设的变配电所供电。变配电所应设置在负荷中心,缩短供电半径,提高供电质量,满足住户用电需求。

8.5.2 保障性租赁住房的单体低压配电系统应符合下列要求:

　　1 住户用电应按套设置电业电能表计量。

　　2 公用厨房、公用盥洗室、公共洗衣机等公共服务设施、场所、设备系统的配电系统应分别按区域或用途设置电业电能表计量,不应与套内配电系统合用电能表;上述设备宜具备自助有偿使用的功能。

8.5.3 保障性租赁住房用电负荷计算功率应满足实际使用需求,且应符合下列要求:

   1 每套住宅型租赁住房用电负荷计算功率:

     1) 建筑面积小于等于 60 m² 的套型,用电负荷计算功率不应小于 6 kW。

     2) 建筑面积大于 60 m² 的套型,用电负荷计算功率应符合现行上海市工程建设规范《住宅设计标准》DGJ 08—20 的相关规定。

   2 每套宿舍型租赁住房用电负荷计算功率不应小于 5 kW。

8.5.4 保障性租赁住房应按套设置配电箱,配电箱所有配出回路均应在 A 型剩余电流保护器保护范围内,总断路器和每个出线回路的断路器应能同时断开相线和中性线。

8.5.5 保障性租赁住房套内电源插座位置、数量应结合室内墙面装修设计、家具布置、家用电器布置和运营管理模式设置。住宅型租赁住房套内电源插座配置应符合现行国家标准《住宅设计规范》GB 50096 等相关规定。宿舍型租赁住房居室内电源插座配置应符合现行行业标准《宿舍建筑设计规范》JGJ 36 等相关规定。

8.5.6 保障性租赁住房应采用带保护门的电源插座。厨房、卫生间、阳台的电源插座的防护等级不应低于 IP54。

8.5.7 保障性租赁住房套内使用的电气线路,不应穿越其他套内空间。

8.5.8 住宅型租赁住房的防雷设计应符合住宅建筑相关国家、行业和本市现行标准的要求。宿舍型租赁住房的防雷设计应符合人员密集的公共建筑相关国家、行业和本市现行标准的要求。

8.5.9 保障性租赁住房照明、供配电、自动控制等系统的节能设

计应符合现行上海市工程建设规范《居住建筑节能设计标准》
DGJ 08—205 的相关规定。

8.6 智能化

8.6.1 保障性租赁住房的通信配套建设应符合国家、地方现行相关建设标准,满足通信配套设施共建共享的相关要求,预留通信配套所需机房、管线通道及桥架资源,进一步提升信息系统服务能力,为住户提供语音、图像和数据等信息的有线和无线接入服务。

8.6.2 住宅型租赁住房应设置通信系统、有线电视系统,并应符合现行上海市工程建设规范《住宅区和住宅建筑通信配套工程技术标准》DG/TJ 08—606 和《有线网络建设技术规范》DG/TJ 08—2009 的相关规定。

8.6.3 宿舍型租赁住房应设置移动通信覆盖系统,并应符合现行上海市工程建设规范《公共建筑通信配套设施设计规范》DG/TJ 08—2047 的相关规定。

8.6.4 保障性租赁住房移动通信覆盖范围应包括租赁住房套内及配套公用建筑室内、建筑物和建筑物群红线内的室外区域、地下公共空间、电梯及无电梯建筑楼的楼梯。移动通信覆盖应满足覆盖区内移动终端在 90% 的位置、99% 的时间可接入网络。

8.6.5 住宅型租赁住房应按套设置信息配线箱。宿舍型租赁住房套内信息配线箱的设置应满足使用需求,并符合装修标准、运营管理模式、智能化系统扩展的需求。

8.6.6 保障性租赁住房套内信息插座、有线电视插座的位置、数量应结合室内墙面装修设计、家具布置、家用电器布置、运营管理模式设置。住宅型租赁住房套内信息插座、有线电视插座配置应符合现行国家标准《住宅设计规范》GB 50096 等相关规定。宿舍型租赁住房套内应按使用要求设置电话插座、信息插座、有线数字电视插座等智能化系统设备。

8.6.7 住宅型租赁住房的安全防范系统设计应符合现行上海市地方标准《住宅小区智能安全技术防范系统要求》DB31/T 294中"住宅"及"租赁住房"的相关规定;宿舍型租赁住房的安全防范系统设计应符合现行上海市地方标准《重点单位重要部位安全技术防范系统要求 第8部分:旅馆、商务办公楼》DB 31/T 329.8中"旅馆"的相关要求。

8.6.8 可燃气体报警控制系统应具备实时监测、报警等功能,该系统主机应设置在有人值守的消防控制室或监控中心。住宅型租赁住房套内的可燃气体探测器可接入住户报警系统。

8.6.9 保障性租赁住房套内使用的智能化线路,不应穿越其他套内空间。

9 消防设计

9.0.1 住宅型租赁住房的消防设计除应符合本标准规定外,尚应符合现行国家标准《建筑设计防火规范》GB 50016、现行上海市工程建设规范《住宅设计标准》DGJ 08—20 及国家、行业和本市现行标准的住宅建筑相关规定。

9.0.2 宿舍型租赁住房的消防设计除应符合本标准规定外,尚应符合现行国家标准《建筑设计防火规范》GB 50016、现行行业标准《宿舍建筑设计规范》JGJ 36 及国家、行业和本市现行标准的公共建筑相关规定。

9.0.3 通廊式宿舍型租赁住房为 1 类和 2 类时,单面布置居室的公共走道净宽不应小于 1.3 m,双面布置居室的公共走道净宽不应小于 1.4 m;为 3 类～5 类时,单面布置居室的公共走道净宽不应小于 1.6 m,双面布置居室的公共走道净宽不应小于 2.2 m。当同一楼层内出现 1 类、2 类和 3 类～5 类两种及两种以上不同类型的组合时,其单面或双面布置居室的公共走道净宽应分别按最大值设置。

9.0.4 宿舍型租赁住房公共走道的直线疏散距离应符合下列规定:

    1 一、二级耐火等级的单多层宿舍型租赁住房,位于两个安全出口之间的疏散门至安全出口的距离不应大于 40 m,位于袋形走道两侧或尽端的疏散门至安全出口的距离不应大于 22 m。

    2 一、二级耐火等级的高层宿舍型租赁住房,位于两个安全出口之间的疏散门至安全出口的距离不应大于 30 m,位于袋形走道两侧或尽端的疏散门至安全出口的距离不应大于 15 m。

    3 建筑内开向敞开式外廊的房间疏散门至最近安全出口的直线距离可按本条第 1 款、第 2 款的规定增加 5 m。

4 当该场所设置自动喷水灭火系统时,室内任一点至疏散门、疏散门至最近安全出口的安全疏散距离可分别增加 25%。

9.0.5 保障性租赁住房 7 层(含 7 层)以上建筑及高层建筑不应设置全封闭的内天井。

9.0.6 下列保障性租赁住房应设置室内消火栓系统,且应设置消防软管卷盘:

1 建筑高度大于 21 m 的住宅型租赁住房。

2 体积大于 5 000 m^3 的多层宿舍型租赁住房。

3 高层宿舍型租赁住房。

9.0.7 除不宜用水保护或灭火的场所外,下列场所应设置自动喷水灭火系统:

1 住宅型租赁住房每层的公共部位。

2 高层宿舍型租赁住房的所有部位。

3 任一层建筑面积大于 1 500 m^2 或总建筑面积大于 3 000 m^2 的多层宿舍型租赁住房的所有部位,以及除上述规定外的多层宿舍型租赁住房的公共部位。

9.0.8 保障性租赁住房的火灾自动报警系统应符合下列规定:

1 高层住宅型租赁住房的公共部位、套内应设置火灾自动报警系统;套内的家用火灾探测器宜直接接入火灾报警控制器。

2 宿舍型租赁住房的火灾自动报警系统应符合现行国家标准《建筑设计防火规范》GB 50016 中有关旅馆建筑的要求。

9.0.9 保障性租赁住房的电气防火设计应符合现行上海市工程建设规范《民用建筑电气防火设计规程》DGJ 08—2048 的规定。

9.0.10 保障性租赁住房的消防设施物联网系统设计应符合现行上海市工程建设规范《住宅小区智能化应用技术规程》DG/TJ 08—604 的相关规定。

9.0.11 保障性租赁住房的公共部位应设置灭火器。灭火器的配置设计应符合现行国家标准《建筑灭火器配置设计规范》GB 50140 的有关规定。

本标准用词说明

1 为便于在执行本标准条文时区别对待,对要求严格程度不同的用词,说明如下:

  1）表示很严格,非这样做不可的用词:

  正面词采用"必须";

  反面词采用"严禁"。

  2）表示严格,在正常情况均应这样做的用词:

  正面词采用"应";

  反面词采用"不应"或"不得"。

  3）表示允许稍有选择,在条件许可时首先应这样做的用词:

  正面词采用"宜";

  反面词采用"不宜"。

  4）表示有选择,在一定条件下可以这样做的用词,采用"可"。

2 条文中指明应按其他有关标准、规范和其他规定执行的写法为"应按……执行"或"应符合……的要求(或规定)"。

引用标准名录

1 《声环境质量标准》GB 3096

2 《燃气输送用不锈钢波纹软管及管件》GB/T 26002

3 《建筑模数协调标准》GB/T 50002

4 《建筑给水排水设计标准》GB 50015

5 《建筑设计防火规范》GB 50016

6 《城镇燃气设计规范》GB 50028

7 《住宅设计规范》GB 50096

8 《建筑灭火器配置设计规范》GB 50140

9 《城市居住区规划设计标准》GB 50180

10 《建筑内部装修设计防火规范》GB 50222

11 《民用建筑工程室内环境污染控制规范》GB 50325

12 《民用建筑节水设计标准》GB 50555

13 《无障碍设计规范》GB 50763

14 《燃气工程项目规范》GB 55009

15 《建筑节能与可再生能源利用通用规范》GB 55015

16 《建筑环境通用规范》GB 55016

17 《建筑与市政工程无障碍通用规范》GB 55019

18 《宿舍、旅馆建筑项目规范》GB 55025

19 《节水型生活用水器具》CJ/T 164

20 《二次供水工程技术规程》CJJ 140

21 《宿舍建筑设计规范》JGJ 36

22 《住宅建筑电气设计规范》JGJ 242

23 《工业化住宅尺寸协调标准》JGJ/T 445

24 《建筑工程交通设计及停车库(场)设置标准》DG/TJ 08—7

25 《城市燃气、天燃气管道工程技术规程》DGJ 08—10

26 《住宅设计标准》DGJ 08—20

27 《城市居住地区和居住区公共服务设施设置标准》DG/
TJ 08—55

28 《居住建筑节能设计标准》DGJ 08—205

29 《住宅小区智能化应用技术规程》DG/TJ 08—604

30 《住宅区和住宅建筑通信配套工程技术标准》DG/TJ
08—606

31 《有线网络建设技术规范》DG/TJ 08—2009

32 《公共建筑通信配套设施设计规范》DG/TJ 08—2047

33 《民用建筑电气防火设计规程》DGJ 08—2048

34 《住宅二次供水技术标准》DG/TJ 08—2065

35 《电动汽车充电基础设施建设技术标准》DG/TJ 08—2093

36 《全装修住宅室内装修设计标准》DG/TJ 08—2178

37 《住宅小区智能安全技术防范系统要求》DB31/T 294

38 《重点单位重要部位安全技术防范系统要求 第8部分：
旅馆、商务办公楼》DB 31/T 329.8

上海市工程建设规范

保障性住房设计标准
（保障性租赁住房新建分册）

DG/TJ 08—2291B—2022
J 16606—2022

条文说明

2022　上海

目 次

Contents

1 总 则

1.0.1 2021年，国务院办公厅发布《关于加快发展保障性租赁住房的意见》(国办发〔2021〕22号)，本市发布《关于加快发展本市保障性租赁住房的实施意见》(沪府办规〔2021〕12号)。"十四五"期间，本市计划新增建设筹措保障性租赁住房47万套(间)以上，达到同期新增住房供应总量的40%以上；至"十四五"末，全市将累计建设筹措保障性租赁住房60万套(间)以上。

为推进本市保障性租赁住房建设，依照国家和本市相关文件精神，结合租赁住房特点和项目实际情况，制定本标准，以规范和指导本市保障性租赁住房设计。

保障性租赁住房建筑主要为《关于印发〈上海市住房发展"十四五"规划〉的通知》(沪府办发〔2021〕19号)中"四位一体"中的保障类租赁住房，主要解决增加宿舍床位租赁居住供给，形成"一张床、一间房、一套房"的多层次供应体系，是强化"保基本"的导向、坚持廉租住房制度定位、发挥托底保障功能的政策体现。聚焦本市户籍人口中的住房困难群众，特别是中低收入住房困难家庭，以及在本市稳定就业的非沪籍常住人口，尤其是新市民、青年人、各类人才，以及保障城市运行的基本公共服务人员。

1.0.2 本市新建的保障性租赁住房包括新建的保障性租赁住房项目以及商品住宅项目中配建的保障性租赁住房。改建的保障性租赁住房应按现行上海市工程建设规范《保障性住房设计标准(保障性租赁住房改建分册)》执行。

1.0.3 保障性租赁住房主要解决本市新市民、青年人等群体的住房困难，并满足多层次、不同人群的广泛需求，既要服务于家庭居住需求，更要服务于大量各行各业的单身人士，因此，设住宅型和宿舍型两种不同类型的租赁住房以满足不同需求。

1.0.6 保障性租赁住房只租不售,承租人无权私自改动套型结构、固定设施及用途,租赁住房应统一做好全装修,配置好固定家具、设备,以及活动家具、家电及软装,满足拎包入住的条件。

2 术 语

2.0.4 套型是保障性租赁住房的基本居住单位。住宅型租赁住房根据现行上海市工程建设规范《住宅设计标准》DGJ 08—20 的要求按套型设计，套型应由居室空间（起居室或卧室）和辅助用房（厨房、卫生间等）共同组成基本居住单位。宿舍型租赁住房套型可由居室空间或居室空间和辅助用房（卫生间等）共同组成基本居住单位。

2.0.5 套内建筑面积是衡量套型实际占用面积的指标。其计算方式按《上海市房地产面积测算规范》（沪房市场〔2022〕49 号）对套内建筑面积计算的规定执行。

3 总体设计

3.1 一般规定

3.1.3 保障性租赁住房建筑小区内的道路应符合现行国家标准《建筑与市政工程无障碍通用规范》GB 55019 的相关要求。保障性租赁住房建筑小区内的绿地和公共服务设施应符合现行国家标准《无障碍设计规范》GB 50763 的相关要求。

3.1.4 长期以来,本市居住区主要是以独立封闭式社区为主。这在一定程度上保证了社区的私密性,但在资源的集约和服务设施的利用率上存在一定程度的浪费。由于租赁住房产权的特殊性,在社区私密性可控的前提下,应大力推行开放式街区设计手法。一方面可以丰富城市空间形态,同时也鼓励了人群的交往;另一方面,可以提高资源的利用效率,并与城市功能更好地融合。可采用分区开放、分时开放或全开放等几种运营管理模式,既保证共享空间的开放,又保证私密空间的安全。设置与开放街区相适应的公共配套场地,如社区休闲活动设施、体育运动设施、共享单车、共享汽车停车点(场)等。

3.1.5 保障性租赁住房鼓励创造丰富的建筑空间和共享空间,通过围合式布局让城市公共空间自然过渡到社区私密空间,如独立占地的公共空间或半开放口袋式花园。

3.2 交 通

3.2.3 根据《上海市保障性租赁住房项目认定办法(试行)》文件内容,70 m² 以下户型建筑面积比例不应低于 70%,这种情况下平均每套建筑面积一般不会大于 90 m²，因此，本条文对平均每套建筑面积小于 90 m² 的机动车停车位指标作出规定。如出现平均每套建筑面积大于 90 m² 的情况，机动车停车位指标可按现行上海市工程建设规范《建筑工程交通设计及停车库(场)设置标准》DG/TJ 08—7 第 5.2.10 条中动迁安置房、自持性租赁房类型的规定执行。

3 类～5 类宿舍型租赁住房是每居室多人居住的集体宿舍，对机动车停车位需求量很低，此种情况下每居室按照表 3.2.3 中平均每套建筑面积小于 30 m² 的建筑面积类别配建停车位。

表 3.2.3 中建筑工程配建停车位指标的区域划分标准按照现行上海市工程建设规范《建筑工程交通设计及停车库(场)设置标准》DG/TJ 08—7 执行；具体区域划分标准按表 1 执行。

表 1　建筑工程配建停车位指标区域划分标准

区域类别	区域范围	备注
一类区域	内环线内区域、市级副中心(真如、花木—龙阳、江湾—五角场)、世博会地区、徐汇滨江、前滩地区、后滩地区	结合 2035 年城市总体规划调整新增区域
二类区域	内外环间区域(除一类区域外)、主城区宝山片区、主城区闵行片区、川沙城市副中心、虹桥商务区、国际旅游度假区、五个新城中心	川沙城市副中心、虹桥商务区、国际旅游度假区、五个新城中心均位于外环外区域
三类区域	外环外区域(含五个新城其他区域，除一类和二类区域外)	—

注：1　市级副中心、主城区、五个新城的边界范围由相应总体规划或控制性详细规划确定。

　　2　五个新城中心以及其他区域的边界范围由相应新城单元规划或控制性详细规划确定。

3.2.4

1　根据《上海市保障性租赁住房项目认定办法(试行)》文件

内容,70 m² 以下户型建筑面积比例不应低于 70%;这种情况下平均每套建筑面积一般不会大于 90 m²。本条文中非机动车停车位指标按平均每套建筑面积小于 90 m² 作出规定。如出现平均每套建筑面积大于 90 m² 的情况,非机动车停车位指标可按现行上海市工程建设规范《城市居住地区和居住区公共服务设施设置标准》DG/TJ 08—55 表 A.6 执行。

宿舍型租赁住房 3 类～5 类是每居室多人居住的集体宿舍,对非机动车停车位需求量较高,因此,本标准按每居室配建非机动车停车位。

2　本市居住小区的居民对电动自行车位的需求量很高,《上海市住宅小区电动自行车停车充电场所建设导则(试行)》对本市新建住宅非机动车库电动自行车与非电动自行车的比例作出具体的规定,本标准按此规定执行。

4　建议利用建筑底层架空空间设置非机动车停车位,设有电动自行车及充电设施的停车区域应符合本市现行标准的相关规定。

5　非机动车的配置结合开发成本的经济性和资源利用的充分性考虑,可将部分非机动车停车位指标转换为地面共享非机动车停车位。地块内配置的非机动车停车位数按一定比例折减为地面共享非机动车停车位,非机动车停车位折减量根据地面共享非机动车类型(电动自行车、非电动自行车)对应折减。

3.3　配套设施

3.3.2　保障性租赁住房只租不售,居住者无产权,可不按现行上海市建设规范《城市居住地区和居住区公共服务设施设置标准》DG/TJ 08—55 的要求设置业委会用房,业委会用房可用作配置相应其他公共服务设施。社区食堂、便利商店、运动场地、养育托管点、教育培训、洗衣房等公共服务设施可结合周边区域设施,按实际项目需求配置,本标准不作强制要求。

3.3.3 本条文智能化管理设施指智能车辆及人员管理系统、公共区域智能监控系统、社区公共信息平台等智能化系统。

3.4 住区环境

3.4.2 本条参考现行国家标准《绿色建筑评价标准》GB/T 50378。为了改善社区环境,应该在建筑空间布局、朝向设计等方案初期,充分运用建筑风环境模拟分析软件,对建筑的设计效果进行评估优化,达到舒适设计的要求。为提高夏季和过渡季自然通风,风环境软件模拟优化建筑群布局应尽量采取行列式和自由式,并保持适当间距。

4 建筑设计

4.1 一般规定

4.1.4 住宅型租赁住房和宿舍型租赁住房按不同的规范设计，消防要求不同，管理方式不同，分开设置在不同幢单体建筑内，便于分类运营管理。

4.1.7 保障性租赁住房小户型比例高，提倡紧凑、适用原则，在不大的面积中设计出满足居住需求的产品，精细化设计，同一空间的功能复合利用是充分利用有限面积和空间的值得提倡的方法。

4.1.8 为满足保障性租赁住房全生命期内不同人群的使用需求，在套内空间设计上要满足可改造要求，采用能为住户提供具备室内空间灵活性划分的大空间布局形式，增加建筑的可适应性和使用寿命。

4.1.9 保障性租赁住房要求做到外形规整，立面造型简洁，减少不规整造型。在这种条件下，体型系数、窗墙面积比、围护结构热工性能、屋顶透明部分面积等要求有所提高，规定性指标需符合现行国家标准《建筑节能与可再生能源利用通用规范》GB 55015 和现行上海市工程建设规范《居住建筑节能设计标准》DGJ 08—205 的要求。

4.2 公共区域

4.2.1 社区接待服务用房(大厅)是保障性租赁住房社区应设置的公共空间，为租赁客户提供接待、签约、缴费、问询、带客看房和参观设施等服务。

4.2.2 保障性租赁住房使用者的公共出入口应与附建公共用房的出入口分开布置,互不干扰,也有利于防火和安全疏散。

4.2.3 参照《关于上海市推进住宅小区和商务楼宇智能末端配送设施(智能快件箱)建设的实施意见》(沪建房关联〔2020〕729号),新建保障性租赁住房配置智能末端配送设施(智能快件箱)服务用房,与建设项目"同步规划、同步设计、同步建设、同步验收"。智能末端配送设施(智能快件箱)服务用房的规划、建设等应符合《上海市住宅小区和商务楼宇智能末端配送设施(智能快件箱)规划建设导则》以及国家和本市有关要求,且建筑面积不低于 25 m²。

4.2.4 保障性租赁住房以小户型为主,室内空间比较紧凑,很难满足会客、娱乐等活动空间,为提升其生活品质,满足住户的不同需求,宜设置公共客厅、公用厨房、公共阅览室、健身房等新型的拓展公共设施空间。

4.2.6 保障性租赁住房以小户型为主,宿舍型更为紧凑,当居室内不配置洗衣、晾晒等功能时,应在公共区域设置相应功能,以满足居住者的基本生活需求。

4.2.7 男女分区域设置是为避免男女人流交叉,造成不便。

4.2.8 公用厕所设置前室或公用盥洗室,既能有很好的视线遮挡,也能方便更多的人群使用,提高使用效率;前室及公用盥洗室的门避开与居室门相对的情况,能很好地避免视线交叉,提高居住感受。

4.2.9 外廊式保障性租赁住房设计较内廊式有更好的采光通风条件,成本也较低,但在使用时,在雨雪天会给住户带来不便,甚至伤害事故。在设计上做好防雨、防滑等技术措施十分必要,如外廊上盖外沿宜增加檐口宽度以减少雨雪的进入;加大、增多排水管沟,加强排水能力,降低积水可能性等。

4.2.10 为保证租赁住房使用者的居住质量,按现行国家标准

《宿舍、旅馆建筑项目规范》GB 55025 的要求，居室最高入口层楼面距室外设计地面的高差大于 9 m 时，应设置电梯。

4.2.11 保障性租赁住房相较商品住宅一般户均面积会小很多，而每栋楼户数往往较多，应合理设置电梯数量、载重、速度，有利于缓解上下班高峰时间竖向交通压力。本条设定了每台电梯服务户数的上限值。当居住人员密度较高，单栋楼的户均人数超过3.5 人时，须按每户 3.5 人折算电梯计算户数。

4.3 套内及居室空间

4.3.1 住宅类租赁住房是满足租赁居民长期居住需求的住宅产品，应按套型设计。本条相对本市住宅标准对套型基本空间要求适当简化，但仍达到国家住宅标准。

4.3.2 《上海市保障性租赁住房项目认定办法（试行）》明确本市"新开工建设的保障性租赁住房，以建筑面积不超过 70 m² 的小户型为主，70 m² 以下户型住房建筑面积占项目住房建筑面积的比例不应低于 70%，可适当配置三居室等大户型"。由于多层、小高层、高层住宅得房率不同，同样套内面积的住房在不同高度住宅楼的套型建筑面积会不一样，本条直接以套内建筑面积约束中、小套型面积，简化分摊计算，直接反映套型实际占用面积，有利于套型的模块化、标准化设计。本标准的小套套内建筑面积50 m² 对应建筑面积 70 m²（以 72% 得房率折算）。

核心家庭是指由一对夫妇及未婚子女组成的家庭。主干家庭是指以父母为主干的家庭形式，通常包括祖父母、父母和未婚子女等直系亲属 3 代人。

4.3.3 本条规定了住宅型租赁住房套型的最小套内建筑的面积要求。同一空间的功能复合利用是充分利用有限面积空间的值得提倡的方法。在实际项目设计中，应在设置了具有复合功能的设备、设施的情况下，比如配置机械折叠功能的复合家具等，并满足基本的人体尺度和舒适性,适当减小小套型的最小面积。

4.3.4 住宅型租赁住房小户型比例高,套型紧凑、适用,其卧室、起居室使用面积、室内净高要求较本市住宅标准略低,与现行国家标准《住宅设计规范》GB 50096 相一致。结合住宅型住房小户型的特点,在现行国家标准《住宅设计规范》GB 50096 的基础上新增单人卧室兼起居室和双人卧室兼起居室两种类型,并对其房间使用面积作出规定。

4.3.6

6 考虑到住宅型租赁住房的特殊性,使用燃气的厨房,内部设有燃气泄漏报警切断保护装置时,此空间可与餐厅、过道合并,形成厨房兼餐厅的可封闭空间。不使用燃气的厨房,可不受此条限制。

4.3.7

1 住宅型租赁住房卫生间使用面积要求较本市住宅标准略低,与现行国家标准《住宅设计规范》GB 50096 相一致。当采用装配式整体卫浴时,可以使操作空间更为紧凑,同时鼓励装配式建筑的运用。在满足人体尺度和舒适性前提下,可以减小小套卫生间的最小使用面积。

4.3.8 宿舍型租赁住房按其使用要求分为 5 类,为保证居住环境质量,每套内的居室居住人数最多限制为 8 人,最小人均使用面积为 3.5 m^2/人。

4.3.9 宿舍型租赁住房从安全方面考虑,套内不设置燃气管道设备以及有明火的灶具,当使用简单电加热厨具等食品加工设备时,可开敞操作面积和操作面长度应满足基本的人体尺度操作要求。

4.3.10 宿舍型租赁住房为 1 类和 2 类时,居住人数较少,套内要求附设卫生间;为 3 类和 4 类时,居住人数偏多,套内建议附设卫生间;为 5 类时,居住人数较多,套内附设卫生间时,等待时间较长,使用不便,建议套内不附设卫生间。

4.3.11 保障性租赁住房面积及开间尺寸较小,门洞尺寸较难满足现行上海市工程建设规范《住宅设计标准》DGJ 08—20 的规定,现门洞尺寸与现行国家标准《住宅设计规范》GB 50096 相一致。

5 室内装修设计

5.0.3 鼓励改建保障性租赁住房采用装配式装修,提高部品化率。室内装修宜选用工厂化生产的装修部件和部品,且宜具有通用性、互换性、标准化接口等特点,满足维修更换需求。

室内装修应精细化设计部品与结构、部品与部品、部品与材料间的接口,强弱电点位应充分结合家具、设备、设施、家用电器的摆放位置和数量统筹布置、合理布局。

室内装修宜采用技术成熟、性能稳定的集成卫浴或满足内装工业化要求的卫浴部品,应设置洗衣机专用给排水接口和防水插座,并做好防水。

5.0.4 目前我国在推行的装配式建筑中,大量沿用传统建筑中在结构和墙体中埋设管线的做法。事实上,管线与结构、墙体的寿命不同,给建筑全寿命期的使用和围护带来了很大的困难。采用管线分离的内装技术,在不破坏主体结构的前提下,能实现设备管线可检修和易更换,使建筑更安全、耐久,并有利于住宅空间的可变性和功能拓展性。

5.0.7 根据现行国家标准《住宅设计规范》GB 50096 中对住宅套内各部位门洞的最小尺寸要求,本标准对门扇的最小尺寸也作出了相应规定,保证装修完成后的门洞宽度。

6 室内环境

6.1 天然采光和自然通风

6.1.2 为提高宿舍型租赁住房居住质量,宿舍内的居室、公用盥洗室、公用厕所、公共浴室和公共活动室等辅助用房应有良好的自然通风和天然采光条件,白天直接利用自然光减少开灯,节约能源。同时,考虑到晾衣空间的环境卫生、公用厨房气味、油烟的散发,晾衣空间和公用厨房也应有良好的自然通风和天然采光条件。

6.1.3 宿舍型租赁住房采光应以采光系数最低值为标准。本条应按现行国家标准《建筑环境通用规范》GB 55016 和《建筑采光设计标准》GB 50033 的相关规定执行。

6.1.4 宿舍型租赁住房居室、公用盥洗室、公用厕所、公共浴室和公共活动室的自然通风换气是通过窗户开启部分进行的,由于窗户形式及开启方式不同,实际通风口的大小与窗户面积不一致,为保障室内的空气质量,故规定了通风开口的面积。其中,公用盥洗室、公用厕所、公共浴室和公共活动室的通风开口面积最低限值参考现行国家标准《民用建筑设计统一标准》GB 50352 的规定。进出风开口的有效面积应进行计算,具体计算规则参考现行国家标准《民用建筑设计统一标准》GB 50352 条文说明中的内容。公用厨房通风开口面积参考现行行业标准《饮食建筑设计标准》JGJ 64 的厨房通风开口面积。

6.2 声环境

6.2.2 建筑物外墙、隔墙、楼板和门窗的隔声性能直接影响居室环境的噪声水平,对居民生活影响很大,因此,本条文将宿舍型租赁住房围护结构的隔声性能标准提高到与住宅一致,应符合现行上海市工程建设规范《住宅设计标准》DGJ 08—20 的相关规定。

6.2.3 保障性租赁住房内噪声的高低还受到建筑内部设备的影响。水泵房设在住宅地下室内时,需采取相应减振、降噪技术措施,可以使卧室、书房、起居室噪声不超过允许值。一般情况下,水泵房位置尽量远离住宅地下室范围。风机房、电梯机房、水泵及风机需采取相应的减振、降噪措施,较少噪声污染。

6.3　热环境

6.3.2 由于对围护结构提出的热工性能要求是外墙平均传热系数,而热桥部位因保温薄弱,热流密集,内表面温度较低,可能产生程度不同的结露和发霉现象,影响到保障性租赁住房的使用和耐久性,因此提出了断桥的保温要求,以防结露。验算方法按现行国家标准《建筑环境通用规范》GB 55016 的规定执行,上海地区冬季气候不同于北方,注意某些热桥部位不会结露。

6.3.3 建筑节能和建筑热工夏季隔热设计,设置外窗活动遮阳装置是重要的一环。尤其是保障性租赁住房是全装修房,应采用适宜的活动外遮阳等先进的建筑节能技术和装置。

6.4　室内空气质量

6.4.1 保障性租赁住房装修交付,对精装修选用材料有害物质的含量作出具体规定,同时对室内空气质量要求也有很好的帮助。

6.4.2 保障性租赁住房精装修交付,提出室内空气质量要求,并与现行国家标准《建筑环境通用规范》GB 55016 保持一致。

7 结构设计

7.0.1 结构体系需经过综合分析,采用合理而经济的结构类型。对于以居住功能为主的保障性租赁住房,结构的选型主要依据建筑高度和场地条件确定,同时还受到结构材料和施工条件的制约。

7.0.2 为满足保障性租赁住房全生命期内不同人群的使用需求,在套内空间设计上要满足可改造要求,尽量采用能为住户提供具备室内空间灵活性划分的大空间装配式结构体系。装配式建筑按主体结构类型分类,其主要类型可分为装配式混凝土结构、钢结构以及钢-混凝土混合结构等。优先选用框架结构、框架-剪力墙结构等结构体系。

7.0.3 合理的建筑形体及构件布置在结构抗震设计中非常重要,要求结构在两个主轴方向的动力特性相近。

7.0.4 结构的平面和竖向布置应使结构具有合理的刚度、质量和承载力分布,避免因局部突变和扭转效应而形成薄弱部位。对可能出现的薄弱部位,在设计中应采取有效措施,增强其抗震能力。

7.0.5 装配式结构成败的关键在于预制构件之间,以及预制构件与现浇和后浇混凝土之间的连接技术,其中包括连接接头的选用和连接节点的构造设计。节点连接构造不仅要满足结构的力学性能,还要满足建筑物理性能的要求。结构分析时需结合工程的实际情况采用合理的力学模型,对承重结构进行适当简化,使其既能较正确反映结构的真实受力状态,又能够适应所选用分析软件的力学模型和运算能力,从根本上保证所分析结果的可靠性。

7.0.6 装配式结构的设计原则为"少规格、多组合",通过建造集成体系通用化、建筑参数模数化和规格化、住房套型定型化和系列化及部件部品通用化来实现,既便于组织生产、施工安装,又可保证质量,从而为居住者提供多样化的产品。

建筑以套型为基本单元进行设计,套型单元的设计通常采用模块化组合的方式。建筑的基本单元、部件部品重复使用率高、规格少、组合多的要求也决定了装配式结构必须采用标准化与多样化设计方法。

装配式建筑通过采用标准化和通用化部件部品,实现建筑结构体、建筑内装体、主体部件和内装部品等相互间的模数协调,并为主体部件和内装部品工厂化生产和装配化施工安装创造条件。大批量的规格化、定型化部件部品生产可保证质量,降低成本。通用化部件部品所具有的互换功能,能促进市场的竞争和部件部品生产水平的提高。

7.0.7 标准化是建筑产业现代化的基础,而模数协调则是建筑产业标准化、系列化中的一项极其重要的基础性工作。模数协调的目的是协调所有建筑构件相互间尺寸,涉及生产、运输、施工、安装及其运维等以工业化生产建造为主的环节。主体部件和内装部品要符合基本模数或扩大模数的生产建造要求,做到部件部品设计、生产和安装等相互间尺寸协调,并优化部件部品尺寸和种类。

7.0.8 根据较新的材料产品标准与其特性以及工程应用的经验,本条对各类型材品种、规格的合理选用提出了指导性建议。

热轧或焊接 H 型钢承载性能良好,价格适中,加工方便,是适用于框架梁柱的基本型材。当为高层结构时,因承载性能需要,其框架柱可选用冷成型的直缝焊接方(矩)形钢管柱,或壁厚更厚的由 4 块钢板组焊的箱形截面。

采用框架-支撑结构时,支撑框架在两个方向的布置宜基本对称,宜采用中心支撑,有条件时也可采用偏心支撑。另外,如屈曲约束支撑和钢板剪力墙在高层钢结构中有较好的消能制震效果,可在有条件时采用。

　　钢结构中通常采用组合楼盖或叠合楼盖,免支模楼板施工简便快捷,可获得明显的工期加快效益。

7.0.9　通用部件是满足定型要求,按照标准尺寸规模化生产、规范化安装的系列化部件。预制主体部件和内装部品的重复使用率是项目标准化程度的重要指标,楼梯构件在保障性租赁住房中易做到标准化。

7.0.10　减轻填充墙体的自重是减轻结构总重量的有效措施,而且轻质板材容易实现与主体结构的连接构造,能适应钢结构层间位移角相对大的特点,减轻或防止其发生破坏。非承重墙体无论与主体结构采用刚性连接还是柔性连接,都应按非结构构件进行抗震设计,同时要采取有效的防开裂措施以适应非承重墙体与主体结构之间的变形差。

7.0.11　钢结构的防火、防腐措施是保证钢结构安全性、耐久性的基本措施。

　　钢结构构件根据使用环境确定防腐措施和维护年限,租赁住房使用要求较高,同时在使用过程中不易对防锈涂装再进行较大的维修,应参照现行国家标准《工业建筑防腐蚀设计标准》GB 50046 与《冷弯薄壁型钢结构技术规范》GB 50018 进行防锈涂装设计,对施工提出严格的除锈涂装技术要求与验收要求,并作为设计的专项内容包含在设计文件中。

　　钢材不是可燃材料,但是在高温下其刚度和承载力会明显下降,导致结构失稳或产生过大变形,甚至倒塌,因此,钢结构构件的防火保护是保证住宅建筑结构安全使用的重要措施。现行国家标准《建筑钢结构防火技术规范》GB 51249 为钢结构与组合结构的防火保护与抗火设计提供了充分的依据。

8 建筑设备

8.2 给排水

8.2.1 住宅型租赁住房用水定额按现行国家标准《建筑给水排水设计标准》GB 50015 中住宅用水定额取值。宿舍型租赁住房用水定额按现行国家标准《建筑给水排水设计标准》GB 50015 中宿舍用水定额取值,并应符合现行国家标准《民用建筑节水设计标准》GB 50555 的规定。

8.2.2 本条要求按套或使用功能设置水表,以减少费用纠纷及节约水资源。水表形式由自来水公司、物业公司根据收费模式确定,水表应设于公共部位以便于维修。

8.2.3 当受总体条件限制,水泵房设在建筑内时,卧室、书房、起居室的允许噪声级应符合现行国家标准《民用建筑隔声设计规范》GB 50118 及现行上海市工程建设规范《住宅设计标准》DGJ 08—20 的相关规定。

8.2.5 因阳台面积小且飘入阳台雨水量也少,当生活阳台设有生活排水设备及地漏时,雨水可排入生活排水地漏中,不必另设雨水排水地漏。

8.2.6 降噪、静音管材包括高密度聚乙烯静音排水管、聚丙烯静音排水管等有消声功能的管材。

8.2.7 《上海市建筑节能条例》和现行上海市工程建设规范《居住建筑节能设计标准》DGJ 08—205 规定,6 层及以下居住建筑应设计太阳能热水系统,并应与居住建筑同步设计。太阳能热水系统设计应符合现行国家标准《建筑节能与可再生能源利用通用规范》GB 55015 及《民用建筑太阳能热水系统应用技术标准》

GB 50364 的相关规定。

8.2.9 防冻保温包括给水、消防管道上的附件，如水表、阀门等。

8.2.10 卫生洁具坐便器排污管道可采用包覆吸声隔声材料达到降噪效果。

8.3 燃 气

8.3.3 考虑到租赁用房人员密度相对较大，出于人员生命及财产安全考虑，本条明确了设置燃气泄漏保护装置的要求，便于监控管理。可探测一氧化碳的复合型可燃气体泄漏报警装置也可采用单一功能的可燃气体泄漏报警装置、一氧化碳可燃气体泄漏报警装置组合使用来代替。

8.3.4 根据保障性租赁住房安全性原则，规定室内燃气管道不得暗敷。

8.4 通风与空气调节

8.4.1 将空调设施纳入保障性租赁住房的最低标准，是基于上海地区夏季使用空调设备已经普及的情况，本条规定对于保障性租赁住房至少要在主要房间设置空调设施，主要房间指起居室、卧室、书房、室内公共活动空间等使用时间较长，或较为注重使用感受的空间。分体式空调器（包括多联机）的室内机均具有能够实现分室温控的功能。

8.4.3 室内空调设备的冷凝水应采用排入建筑设计预留的专用排水管，或就近间接排入附近污水，或采用雨水地面排水口（地漏）等方式有组织地排放，以免无组织排放的冷凝水影响室外环境，同时需要注意冷凝水管不能直接接入污水管或雨水管，避免水管堵塞导致的返流以及臭味通过冷凝水管扩散至室内的现象发生。

8.4.4 室内装修设计时，为了美观需要可能遮挡进出风口，导致阻力过大，使得风量不足，致使室内的空调效果不佳，因此，需要核算相关阻力，保证室内机的风压足够克服这些阻力，这样才能保证室内机送出足够的冷（热）量，达到空调效果。

8.4.5 有外窗的房间可以靠不同朝向的外窗满足进、排风要求，否则，应设置排风机配自然进风（外）窗、门上百叶和门缝等。共用排气道应防止气流互串或倒灌。本条规定了平时的最小换气次数要求，对于公用厨房的排油烟要求应按现行国家标准《民用建筑供暖通风与空气调节设计规范》GB 50736 的规定执行。

8.5 电 气

8.5.1,8.5.2 "按电业标准建设的变配电所"即电业变配电所。保障性租赁住房采取按电业标准建设的变配电所供电、按套设置电业电能表等措施，是为了实现租户用电采用居民电价，以减轻承租人的经济负担。

8.5.3 本条所指套内用电负荷计算功率为最低配置，应根据管理模式，结合套内、居室内电器配置情况，复核套内、居室内用电负荷计算功率，满足租户的正常用电需求：在使用大功率电器的情况下，不影响空调、照明、一般家用电器的同时使用。套内如有厨房且无燃气灶，应考虑电磁炉的容量；套内、居室内如无集中供热水、无燃气热水器，应考虑太阳能热水器辅助电加热或容积式电加热热水器的容量。可不考虑电磁炉与电加热热水器同时使用的情况。

8.5.4 本条不限制剩余电流保护器设置的位置和方式，应根据具体情况确定。套内用电负荷功率大，配出回路、家用电器数量较多的户型，线路、家电本身的泄漏电流累积到住户配电箱总断路器比较大，采用总断路器设剩余电流保护器有可能误动作，影响正常使用。由于直流型家用电器日趋增多，直流脉动漏电探测功能已成为必要功能,故采用 A 型剩余电流保护器。

8.5.5 保障性住宅型租赁住房应以小套型为主,适当配置中套型;居住空间、卫生间、厨房使用面积和套型套内建筑面积均小于其他住宅建筑。住宅型租赁住房产权、运营管理模式也不同于其他住宅建筑。上海市工程建设规范《住宅设计标准》DGJ 08—20—2019 第 12.3.5 条要求的电源插座数量对于住宅型租赁住房要求较高。考虑上述因素,故要求住宅型租赁住房套内电源插座配置应符合现行国家标准《住宅设计规范》GB 50096 的相关规定。

8.5.6 "带保护门的电源插座"是从产品的发展和人身安全要求考虑的。目前各设计规范中,关于插座上遮蔽插套的部件用词不一,如"安全型""保护门""安全门""防护型",本条文采用国家标准《通用用电设备配电设计规范》GB 50055—2011 和《家用和类似用途插头插座 第 1 部分:通用要求》GB 2099.1—2008 的术语"保护门"。提高插座的安全性能要求,是为落实国家关于加强保障性住房质量、保障人民群众切身利益、防止电击事故的要求(《关于加强保障性住房质量常见问题防治的通知》建办保〔2022〕6 号)。特别是宿舍型租赁住房,床铺上或附近墙面设置插座比较常见,有必要提升安全要求。

8.5.8 国家标准《建筑物防雷设计规范》GB 50057—2010 第 3.0.3 条第 9 款条文说明"人员密集的公共建筑,是指如集会、展览、博览、体育、商业、影剧院、医院、学校等建筑物"的举例中并无宿舍,参考"学生宿舍、旅馆建筑",并类比与"人员密集的公共建筑"对应的第 3.0.3 条第 10 款"住宅、办公楼等一般性民用建筑",宿舍型租赁住房应属于"人员密集的公共建筑"。

8.6 智能化

8.6.5 住宅型租赁住房与普通住宅建筑相同,通信、有线电视及其他弱电系统构成应按住宅建筑要求实施。

宿舍型租赁住房是否设置信息箱,与装修标准、运营管理模式为何种信息网络系统,采用何种接入方式、智能化系统扩展等有关,应综合考虑各因素确定。

8.6.6 住宅型租赁住房应以小套型为主,适当配置中套型;居住空间、卫生间、厨房使用面积和套型套内建筑面积均小于其他住宅建筑。住宅型租赁住房产权、运营管理模式也不同于其他住宅建筑。上海市工程建设规范《住宅设计标准》DGJ 08—20—2019 第 13.0.7 条要求的信息插座、有线电视插座数量对于住宅型租赁住房要求较高。考虑上述因素,故要求住宅型租赁住房套内信息插座、有线电视插座配置应符合现行国家标准《住宅设计规范》GB 50096 的相关规定。

9　消防设计

9.0.3　1类和2类宿舍型租赁住房每居室居住人数与旅馆类似，因此，公共走道净宽按现行行业标准《旅馆建筑设计规范》JGJ 62的相关条文执行；3类～5类宿舍型租赁住房每居室居住人数较多，因此，公共走道净宽按现行行业标准《宿舍建筑设计规范》JGJ 36的相关条文执行，相应的公共走道的直线疏散距离按旅馆建筑相关要求执行，具体详见该标准条文说明第9.0.4条。当同一楼层有多种居室类型时，公共走道净宽按最不利类型也就是最多居住人数类型控制。

9.0.5　全封闭的内天井易成为加速火焰及烟气上升蔓延的拔风通道，严重影响上层住户的防火安全。因此，不管天井有无顶盖，都不应设计全封闭的内天井。考虑到宿舍型租赁住房居住人数较多，从安全的角度出发，本标准提高了宿舍型租赁住房的设计标准。

9.0.7　考虑到保障性租赁住房的用途及其火灾危险性，宿舍型租赁住房的喷淋系统按照现行国家标准《建筑设计防火规范》GB 50016等现行国家、行业、地方标准中有关旅馆建筑的要求确定。并对保障性租赁住房的公共部位设置喷淋做了补充要求，公共部位可采用湿式系统，也可采用自动喷水局部应用系统。自动喷水局部应用系统应按现行国家标准《自动喷水灭火系统设计规范》GB 50084的规定执行。

9.0.8　住宅型租赁住房户型小，人员密度高于普通住宅建筑；承租人使用时间较普通住宅短，对消防疏散线路的熟悉程度有限。故对住宅型租赁住房的火灾自动报警设计要求比其他住宅建筑有所提高，详见表2。

表 2　火灾自动报警设计要求

部位	分类	《建筑设计防火规范》GB 50016—2014（2018 年版）	本标准
公共部位	一类高层	应设置	应设置
	二类高层	宜设置	应设置
套内	一类高层	宜设置	应设置
	二类高层	—	应设置

　　高层住宅型租赁住房的火灾自动报警系统按国家标准《火灾自动报警系统设计规范》GB 50116—2013 第 7.1.1 条和 7.1.2 条,以及国家建筑标准设计图集《〈火灾自动报警系统设计规范〉图示》14X505—1 第 58 页,应采用 A 类系统。套内使用的家用火灾探测器不同于普通的火灾探测器(能发出声报警信号),产品标准可参照国家标准《家用火灾安全系统》GB 22370—2008 执行。按国家标准《火灾自动报警系统设计规范》GB 50116—2013 第 7.2.1 条及条文说明,国家建筑标准设计图集《〈火灾自动报警系统设计规范〉图示》14X505—1 第 59 页,A 类系统有方案Ⅰ和方案Ⅱ两种,考虑到家用火灾报警控制器需要 220 V 电源,宜采用方案Ⅰ,家用火灾探测器直接接入火灾报警控制器。

　　宿舍型租赁住房的用途及火灾危险性与普通宿舍有所不同,火灾自动报警系统的设置从严,按有关旅馆建筑的要求实施。

9.0.11　住宅型租赁住房的灭火器配置危险等级按照现行国家标准《建筑灭火器配置设计规范》GB 50140 中住宅建筑的相关标准执行;宿舍型租赁住房的灭火器配置危险等级按照现行国家标准《建筑灭火器配置设计规范》GB 50140 中旅馆建筑的相关标准执行。